ÉTUDE GÉNÉRALE

DES TERRAINS APPARTENANT

A

MM. ESTÉFANI Y CRESPO DE LA SERNA

SITUÉS DANS LA BAIE DE NIPE (CUBA)

d'une contenance de 5,000 CABALLERIAS

soit 75,000 hect.

PAR

M. GERMAN GONZALES DE LAS PEÑAS

•──◦◦❀◦◦──•

PARIS

TYPOGRAPHIE CHARLES DE MOURGUES FRÈRES

IMPRIMEURS DE LA PRÉFECTURE DE LA SEINE

58, rue Jean-Jacques-Rousseau, 58

1881

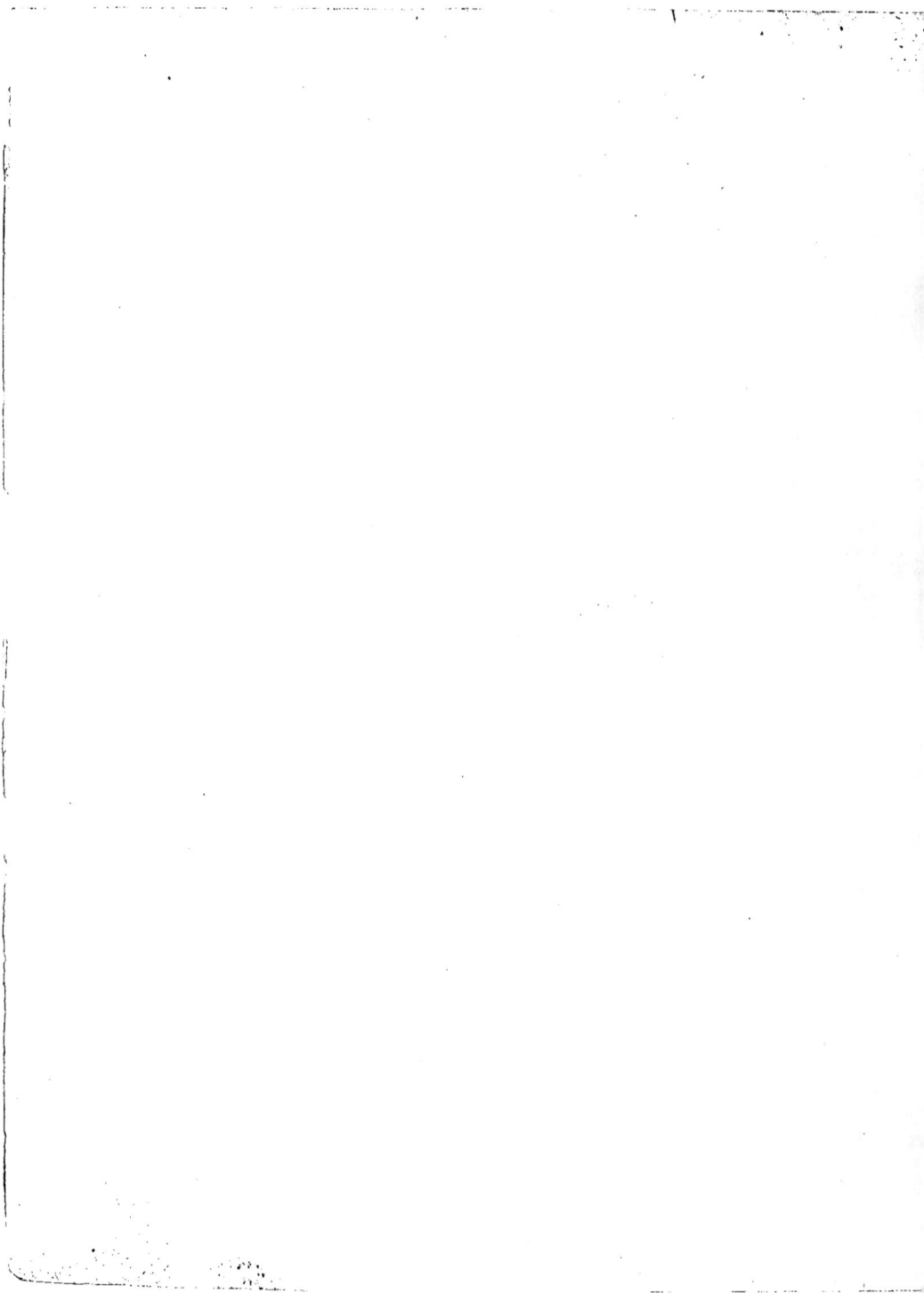

ÉTUDE GÉNÉRALE

DES TERRAINS APPARTENANT

A

MM. ESTÉFANI Y CRESPO DE LA SERNA

SITUÉS DANS LA BAIE DE NIPE (CUBA)

d'une contenance de 5,600 CABALLERIAS

soit 75,000 hect.

PAR

M. GERMAN GONZALES DE LAS PENAS

———◦◦✸◦◦———

PARIS

TYPOGRAPHIE CHARLES DE MOURGUES FRÈRES

IMPRIMEURS DE LA PRÉFECTURE DE LA SEINE

58, rue Jean-Jacques-Rousseau, 58

—

1881

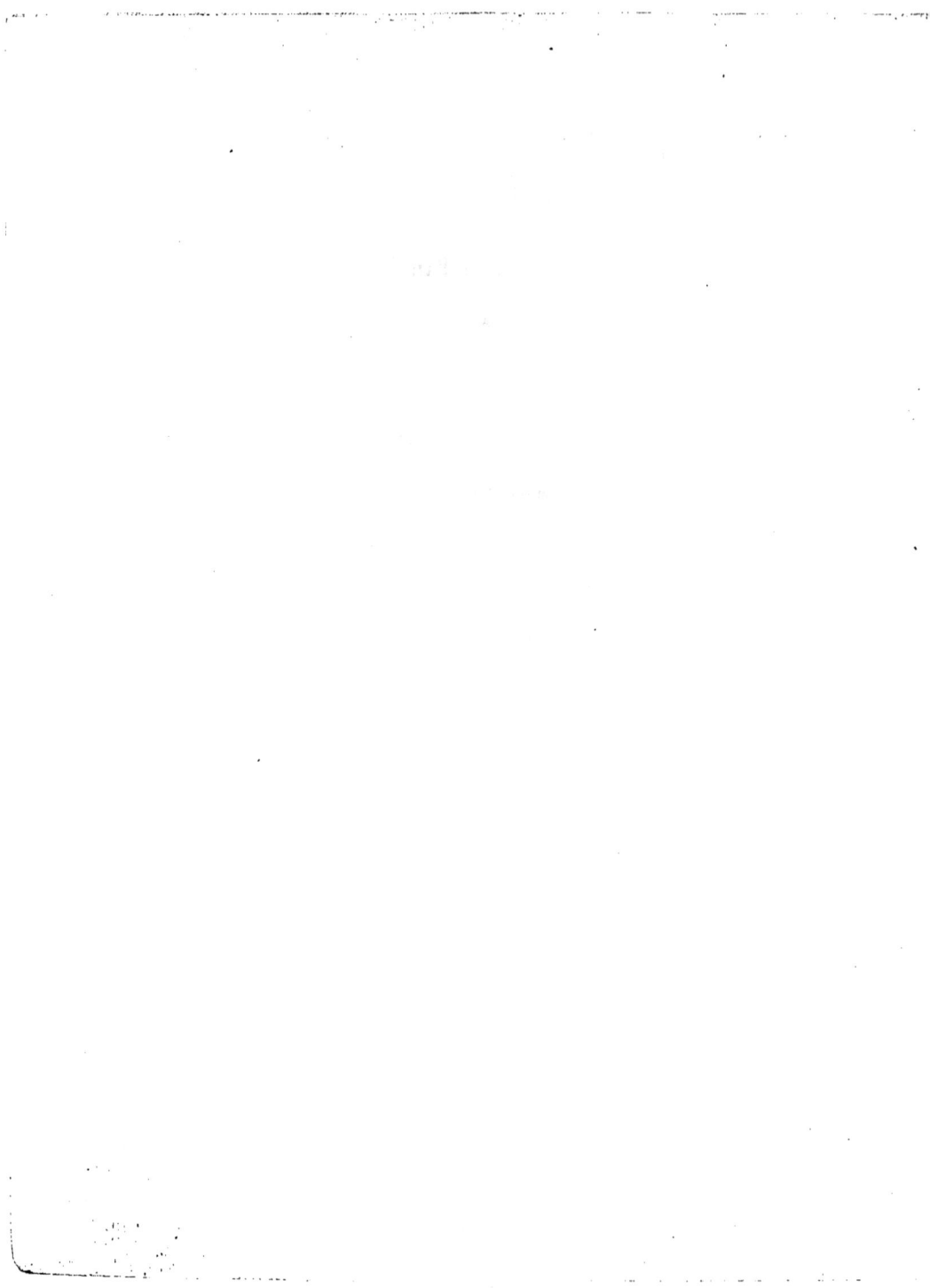

ÉTUDE GÉNÉRALE

DES TERRAINS APPARTENANT

A

MM. ESTÉFANI Y CRESPO DE LA SERNA

situés dans la baie de Nipe (Cuba)

———

CHAPITRE PREMIER.

DESCRIPTION GÉOGRAPHIQUE DE LA BAIE DE NIPE.
SON HYDROGRAPHIE EN GÉNÉRAL.

NIPE.

La baie de Nipe, que l'étroitesse de son ouverture peut faire considérer comme un port, est une des meilleures du monde. Elle est située entre 20° 40′ 44″ latitude nord et 69° 24′ 9″ longitude ouest du méridien de Cadix. Son entrée se trouve au nord, entre le cap Rome, à l'ouest, et le cap du Soleil, à l'est. L'estuaire du port est compris entre les caps Saint-Jean et Saetia. Les côtes ont de 112 à 255 brasses de fond. Entre les caps Saint-Jean et Saetia, la profondeur moyenne est de 180, 218 et 198 brasses.

Le contour intérieur de cette baie se termine par les caps Saint-Jean et Negra, au nord, et les caps Mangle et Tabaco, au sud.

Elle se découpe en plusieurs anses, dont la carte ci-jointe fera mieux comprendre la configuration qu'aucune description détaillée. Les rivières qui s'y déversent s'y trouvent également indiquées, ainsi que maints autres détails géographiques dignes d'être signalés à l'attention du navigateur. Son pourtour est alterné de terres végétales où abondent les mangliers, et de plages ou grèves, dont les principales se trouvent à l'embouchure du Nipe et du Jean-Vincent.

On peut prédire, sans crainte d'être taxé d'exagération, que bientôt Nipe deviendra le grand entrepôt commercial de l'île de Cuba. Sa situation entre les marchés de l'Europe, de l'Afrique et de l'Amérique du Sud ; la sécurité de ses communications avec New-York, en sont de sûrs garants. Il est difficile de limiter le degré de prospérité que réserve à la baie de Nipe son voisinage de l'isthme de Panama, car c'est là que se trouve le *point d'élection* que la Nation elle-même désignera comme devant recevoir les armements nécessaires à la protection de son commerce, appelé, nous le répétons, à des développements peut-être sans pareils dans l'histoire.

Cuba, nul n'oserait le contester, par la fertilité de son sol, la beauté de son ciel, la pureté de son climat, la richesse de la mer qui la baigne, est la perle des Antilles ; mais Nipe et sa vaste baie, s'ouvrant, s'offrant, — si l'on peut ainsi s'exprimer, — au voyageur qui veut atterrir dans ce pays béni, est comme un diamant enchâssé dans cette perle, dont il fait pâlir la splendeur. La grandeur de la nature ne s'épanouit nulle part au monde avec plus d'exubérance, joignant à la satisfaction des intérêts qui provoquent la lutte loyale entre les hommes la satisfaction des plus nobles penchants de l'âme.

Tous les navigateurs, tous les spéculateurs, tous les poètes, —

et combien d'illustres parmi eux, — qui ont visité ce délicieux
Eden, ne l'ont quitté qu'à regret, emportant au fond de leur cer-
veau l'ineffaçable impression des grands spectacles qu'y offre une
luxuriante végétation quasi tropicale, au-dessus de laquelle se
déroule un ciel bleu, que dore et enrichit un soleil clément
dont le coucher seul, entre les hautes et sauvages montagnes de
Maniabon, est un spectacle assez beau pour attirer sur les eaux
de la baie de Nipe quiconque sur le globe sait secouer son
apathie.

Anse de Cajimaya.

Cette anse est profonde ; son pourtour est bas et submersible.
La sonde accuse, entre les deux caps Saetia et Mangle, qui forment
son ouverture, de 58 à 68 brasses. En allant vers l'est, dans la
direction du champ de mangliers 16, le fond se relève, ne don-
nant plus que 23 brasses d'eau. A l'ouest, une dépression plus
accusée du rivage livre passage à la rivière Cajimaya. Le lit est
tapissé de limon, et, par places, de coquilles. Bien abritée du reste
contre le vent par le relèvement du sol à quelque distance de ses
plages, les eaux y sont presque toujours calmes.

Anse du Corojal.

Autre anse de la baie de Nipe, vers le sud-ouest ; elle est com-
prise entre les caps San Francisco et Yuraguana. Elle est large et
spacieuse. Il y a entre les deux pointes qui la délimitent, et à
égale distance à peu près de l'une et de l'autre, de 19 à 24 brasses
d'eau, dans la plus grande profondeur. Le fond offre aussi du limon
et des coquilles. Le poisson y foisonne.

Port de Lévisa.

Ce port, dont l'entrée est commune à celui de Cabonico, est situé sur la côte nord, entre 20° 42′ 11″ latitude nord et 69° 17′ 39″ longitude ouest du méridien de Cadix. Son ouverture est formée par les caps Entresaco et Barlovento. Entre les deux caps s'avance une presqu'île couverte de mangliers. A l'est de cette presqu'île se trouve Cabonico; à l'ouest, Lévisa.

Le rivage, à l'entrée des deux ports, est accore. La sonde donne 121, 114, 117 et 166 pieds : fond de limon; en quelques endroits fond de sable. Vers la côte septentrionale et à l'ouest, un canal d'un kilomètre suffirait à mettre en communication les deux ports avec celui de Nipe, et par ce travail, la presqu'île d'Entresaco deviendrait une île d'une inestimable valeur.

Dans le Lévisa se jettent sept ruisseaux, parmi lesquels nous ne signalerons que celui qui porte le nom de *Arroyo Blanco* dont la chute produit aux yeux les plus pittoresque et capricieux jeux de lumière.

Port de Cabonico.

La description de son embouchure se trouve suffisamment précisée dans les lignes qui précèdent. Il y a, à son embouchure, 100 brasses d'eau, qui vont en diminuant, jusqu'à 60 brasses vers le fond du port. Notons que dans le cul-de-sac, désigné sous le nom de Caimanes, on trouve 58 brasses.

La circonférence de ce port est de huit milles; ses rivages sont couverts de mangliers. Le fleuve Cabonico et d'autres cours d'eau de moindre importance viennent s'y déverser.

Cours d'eau qui arrosent les terrains de MM. Estéfani y Crespo, leurs sources, leurs cours, leurs affluents, confluents ou embouchures, etc., etc.

NOMS.	SOURCES.	AFFLUENTS CONFLUENTS ET EMBOUCHURES.	DIRECTION.	LONG.
R. Mejia.........	Bergerie Mejia................	Affluent du R. Bagüano.......	S.N.E.	2
R. Centeno.......	Hacienda Centeno...........	Baie de Nipe................	S.N.E.	6 1/2
R. Nipe..........	Versant oriental de *Sierra* Nipe.	Id.	S.N.E.N.	18
R. Sabanilla......	Bergerie de la *Sierra*, se réunit au R. Canadas.............	Affluent du R. Nipe...........	E. à O.	1/2
R. Canadas.......	Bergerie de la *Sierra*, se réunit au R. Sabanilla...........	Id.	E. à O.	3/4
R. Concepcion.....	Hauteur du Cèdre...........	Id.	N.	1/2
R. Verde.........	Bergerie Biran..............	Id.	E. à O.	1
R. Colorado......	»	Id.	»	1
R. Sojo..........	Hacienda Sojo..............	Id.	E.O.	1
R. Guasimas......	O. Barajagüa..............	Id.	O. à E.	1
R. Güira.........	Hauteur du Cèdre..........	Id.	O. à E.	1
R. Nirili........	»	Id.	N.E.	3/4
R. Mulas.........	Sommet Buenavista..........	Id.	E.O.	1/2
R. Piedras.......	Hacienda Juliana...........	Id.	O. à E.	1
R. Jicoteas.......	Versant septentrional de Nipe..	Affluent du R. Nipe. Confluent du R. Güaro..............	N.O.	1/2
R. Güaro........	Id. ..	Affluent du R. Nipe. Confluent du R. Jicoteas.........	»	1 1/4
R. Seron.........	Id. ..	Baie de Nipe................	S.N.	2
R. Juan Vicente...	Id. ..	Id.	»	2
R. Mayari........	3 lieues N. de Tigüabos........	Id.	N.E.O.N.	25
R. Iiito..........	S. *Sierra* Micaro.............	Affluent du R. Mayari.........	N.S.	2
R. Concepcion.....	Id.	Id.	»	1
R. Reyes.........	Id.	Id.	N.E.	1/2
R. Buenavista.....	O. Concepcioncita............	Affluent du R. Yamagüa........	E.S.O.	3
R. Rosario.......	Sommet de Socarras..........	Id.	E.O.	1 1/2
R. Yamagüa......	Confluent du R. Rosario et du R. Buenavista................	Affluent du R. Mayari..........	E.N.O.	1

NOMS.	SOURCES.	AFFLUENTS CONFLUENTS ET EMBOUCHURES.	DIRECTION.	LONG.
R. San Benito.....	*Hacienda* San Benito..........	Affluent du R. del Toro.........	E.O.N.	1 1/2
R. Micaro.........	S. *Sierra* Micaro..............	Affluent du R. Mayari.........	N.S.	2
R. Jarahueca......	»	Id.	S.N.N.O.	5 1/2
R. Caoba..........	Sommet Marrero..............	Id.	S.N.E.N.E.	4 1/4
R. Bruni..........	»	Affluent du R. Caoba..........	E.O.	1/2
R. Marrero........	Sommet Marrero..............	Id.	N.E.E.N.E.	2
R. Mulato........	*Hacienda* Mulato.............	Id.	O.E.	1
C. Caridad.......	»	Id.	S.E.N.O.	3/4
R. Laguna-Naranjo.	Hacienda Marrero............	Affluent du R. Mayari.........	S.N.N.E. S.E.N. O.E.	3 1/2
R. Piloto.........	Prend le nom du précédent.			
R. Ygüana........	Mogote...................	Id.	E.O.N.N.O.	2 3/4
R. del Medio......	Versant oriental de *Sierra* Nipe	Id.	O.E.	2 1/4
R. Seco..........	Id.	Id.	O.S.E.	2 1/4
R. Rio Frio.......	Versant occidental de *Sierra* Cristal...................	Id.	E.O.	2 1/4
R. Rio Arriba.....	Versant oriental de Sierra Nipe..	Id.	O.S.O.	2 1/4
R. Las Cuevas.....	Id.	Id.	O.E.	2 1/2
R. Sabate........	Sommet Sabate..............	Id.	E.O.	1 1/2
R. Pontezuelos....	Versant septentrional de Sierra Nipe..................	Id.	N.S.E.	2
R. La Seiba.......	Saboruco................	Id.	S. à N.O.	3
R. Cajimaya......	Sommet Cajimaya...........	Anse de Cajimaya..........	S. à N.	3
R. Blanco	»	Anse de Lévisa..............	S. à N.	1
R. Bayate........	»	Id.	»	1
R. Santa Rita.....	»	Id.	N.N.O.	1
R. Lévisa.........	Versant septentrional de Sierra Cristal...................	Id.	S. à N.	4
R. Lévisita	Id.	Id.	»	3 1/2
R. Manati........	Id.	Id.	»	3 1/2
R. Cabonico......	Id.	Embouchure dans le Cabonico..	»	3 1/2
R. Quemado.......	*Hacienda* Quemado..........	Id. ..	»	1

N. B. — Une mention spéciale est ici à signaler : tous les cours d'eau ci-dessus décrits sont très abondants, limpides et salubres, sauf le Centeno, dans son parcours indépendant des terres appartenant à MM. Estéfani y Crespo.

Signé : GERMAN G. DE LAS PENAS.

CHAPITRE II.

DESCRIPTION DES FORÊTS ET DES BOIS. — BOIS DE CONSTRUCTION.
BOIS DE TEINTURE.
ESSENCES PRÉCIEUSES : RÉSINES, GOMMES, ETC.

Dans la vaste étendue de terrain que nous décrivons, il existe une prodigieuse abondance de bois d'essence variée : bois de construction, bois pour teinture, bois précieux.

La classification qui va suivre donnera un aperçu de leur richesse.

En attendant qu'on fasse de ces bois une exploitation méthodique et plus savante, les profits annuels qu'on en peut tirer dès aujourd'hui sont considérables, car il faut reconnaître que l'on agit jusqu'ici sans plan arrêté.

Divers catalogues feront connaître sur tous les marchés leur utilité, leur qualité, leur beauté, et quand leurs nombreuses applications seront ainsi connues, les demandes abonderont, la vente en sera rapide et lucrative.

Il faut ajouter à ces considérations que le débit sur place de ces bois, qui en faciliterait l'exportation, que leur appropriation aux nombreux usages du commerce, peuvent s'effectuer sur les lieux mêmes, du jour où une main intelligente saura et voudra appliquer l'usage de la mécanique à leur exploitation.

VÉGÉTAUX PRÉCIEUX.

ALGARROBO.

Caroubier. — Arbre sauvage, d'un beau poli; il produit la résine animée.

CAOBA.

Acajou. — Arbre sauvage très employé dans l'ébénisterie. On en fait un grand commerce et l'on en connaît plusieurs variétés. Les paysans le distinguent en acajou mâle et acajou femelle : celui-ci d'une qualité inférieure à celle du premier. Il sécrète une gomme analogue à la gomme arabique, fort recherchée dans la thérapeutique. Le liber a les propriétés du quinquina, et dans le pays on l'y préfère pour ses qualités curatives.

CARACOLILLO.

Caracole. — Arbre sauvage abondant dans la Sierra de Nipe: bois jaunâtre, dont les nœuds se développent en spirale. Très utile pour la construction.

CEDRO.

Cèdre. — Arbre sauvage acquérant un développement extraordinaire. Le plus propre à la sculpture, à la fabrication du meuble, ainsi qu'au charpentage. Il produit une gomme précieuse usitée dans le traitement de la phtisie; son écorce s'emploie en décoction dans le traitement de certains ulcères, pour conjurer les suites des contusions provenant de chutes, de coups violents. C'est une sorte de vulnéraire.

CERILLO.

Arbre sauvage, se trouve sur les confins de Sierra Nipe et

Mayari. On l'emploie pour faire des cannes. Coupé en éclats, il est utilisé comme torche.

EBANO.

Ébène. — Arbre sauvage. Deux espèces : *Royal de Cuba* et *Carbonero*. Le premier est un bois noir incorruptible, très estimé dans l'ébénisterie. Coupé de biais il se divise en fibres et en pinceaux. Le *Carbonero* n'est pas aussi noir que le *Royal*. Il présente parfois des veines blanchâtres.

ESPINO.

Arbre sauvage très commun. Le cœur de ce bois, très solide, offre à l'œil de jolis jaspes. Il sert à fabriquer des cannes.

ESPUELA DE CABALLERO.

Arbre sauvage très abondant, semblable au cyprès; sa tige est très solide et sert pour faire des cannes. Le fruit s'emploie contre la diarrhée et les hémorrhagies.

GRANADILLO.

Grenadille. — Arbre sauvage. Son bois est dur, vitreux, peu élastique. Certaines veines sont précieuses pour l'ébénisterie.

GUAYACAN.

Gaïac. — Arbre sauvage. Le bois en est extrêmement dur, incorruptible; il se pétrifie dans l'eau. On l'emploie principalement pour ouvrage de pilotis ou construction de radiers. L'aspect jaspé que présente sa section en fait un bois recherché pour l'ébénisterie.

GUAYACANCILLO.

Mêmes usages et qualités que le précédent.

PALMA REAL.

Palmier. — Il en existe plusieurs espèces ; la plus précieuse est celle que l'on désigne sous le nom de *Real*. Il peut s'utiliser à tout ce qui exige une grande résistance ; charpente de maison, charrettes, parquets d'écurie, pavage. Le tronc, scié perpendiculairement à l'axe, s'emploie pour faire des ruches, après en avoir au préalable extrait la moelle, qui elle-même est un excellent combustible. Les feuilles, partageant cette combustibilité, servent, dans les maisons écartées des centres d'approvisionnement, de luminaire, et cela sans préparation. Il est par suite une ressource puissante pour les colons, pour les ouvriers qui ont à se livrer à des travaux de nuit. A chaque lunaison nouvelle il laisse tomber un pétiole, connu dans le pays sous le nom de *Yagüa*, qui sert à recouvrir les chaumières, à abriter les meules, les fruits, les amoncellements quelconques, enfin, qui ont besoin d'être protégés contre les intempéries des saisons ou la fraîcheur des nuits. La ténacité et la flexibilité des fibres de ce pétiole permettent d'en fabriquer des chaussures, des sacs, des cordes. Sans autre apprêt que celui de la nature, il s'utilise comme nappe dans les dîners champêtres.

Le bourgeon terminal (chou palmiste) fournit un mets délicat qui se mange en salade. De ses régimes on peut engraisser les porcs ; de la semence contenue dans ces régimes on extrait de l'huile. Le tronc, coupé dans le sens de sa longueur, sert de gouttière, de conduit de toutes sorte aux liquides, gaz ou vapeurs neutres.

COCO.

Cocotier. — Variété de palmier. Produit le fruit connu partout sous le nom de coco ou noix de coco, dont les usages, soit sur nos tables, soit dans l'industrie, ne sauraient être trop vantés.

Citons d'abord ce qu'en dit un écrivain anglais : « Le coco sert à lui seul pour construire, appareiller et fréter un bâtiment, avec du pain, du vin, de l'eau, de l'huile, du vinaigre, du sucre et d'autres produits. J'ai navigué sur des vaisseaux dont l'armement et le chargement se devaient à ce précieux végétal. »

Et à cet éloge, le très illustre M. Miguel Rodriguez Ferrer ajoute : « Du cocotier, le Polynésien tire du bois pour ponter et mâter ses embarcations, le matériel nécessaire à ses chariots, etc. ; le lait et la gélatine lui servent d'aliment ; il y trouve de l'huile et des liqueurs. De la coque il fait des tasses, des vases à contenir l'eau dans ses pirogues, des entonnoirs, des lampes, etc. Des filaments du brou il fabrique des couvre-pieds, des couvertures, du fil, des cordages, des balais, des petits travaux dont les jeunes filles se parent, etc. Enfin, les feuilles s'utilisent pour faire des toitures, des éventails, des paniers, etc. L'industrie indienne et les civilisations plus raffinées fabriquent avec les produits de cet arbre béni jusqu'à trente-six objets divers. » M. Boyer Peyreleau l'appelle « l'arbre de Dieu aux Antilles ».

VACA-BUEY.

Arbre sauvage, beau bois jaspé ; s'emploie à faire des cannes.

JAYAJABICO.

Arbre sauvage, bois dur, lourd, veiné, odorant ; employé dans l'ornementation et les travaux délicats de menuiserie. Il est résineux et ses copeaux servent à l'éclairage.

SABINA CIMARRONA DE CUBA.

Genévrier Sabine. — Arbre sauvage ressemblant au cyprès. Dans certains endroits on l'appelle *Enebro* (genévrier) ; bois incorruptible, belle couleur rouge ; arome exquis. Les insectes ne l'attaquent pas. Très abondant dans les monts de Platanillo, Seboruco y Mayari.

NOGAL.

Noyer. — Arbre sauvage, de sa noix on extrait une huile pour peinture et savon. Le fruit et la racine donnent une teinture foncée. La pellicule jaune qui couvre l'amande, combinée avec de l'eau saturée de chlorure de chaux, produit une belle couleur rouge. Le bois sert pour l'ébénisterie. En médecine, son huile s'emploie contre le ténia, et ses feuilles comme sudorifique.

NARANJO.

Oranger. — Arbre commun dont le bois s'emploie pour les travaux de menuiserie et de marqueterie. Il produit des oranges de diverses espèces.

BOIS DE CONSTRUCTION.

ABEY.

Arbre sauvage. Il donne une résine qui s'emploie comme purgatif. Antisyphilitique. (Mâle et femelle.)

ACANA.

Arbre sauvage. Bois très solide, rouge, incorruptible, *almagrado* (de : *almagrar rubro inficere*). Beaucoup plus durable que l'acajou. On l'emploie aussi dans l'ébénisterie, la boiserie de luxe et les constructions navales. Ce fut à l'occasion de la construction de l'Escurial qu'il fut introduit en Espagne.

AGRAGEJO.

Épine-Vinette. — Arbre sauvage commun. Produit un fruit
dont le bétail est friand. Il en existe une autre espèce appelée
Carbanero.

ALMENDRO.

Amandier. — Arbre sauvage. Son bois est rouge à l'intérieur
et l'odeur en est agréable. Son amande ressemble à celle du
même arbre en Europe. On le cultive dans les jardins comme
arbre d'ornement. On en peut faire des planches et des pou-
tres ; utile en artillerie pour chèvres, manivelles, outillage en
général.

ARABO.

Arbre sauvage. Bois très dur, incorruptible. On l'applique aux
travaux de soutènement dans les terrains humides.

ATEJE.

Arbre sauvage très commun. Produit un fruit rouge d'une saveur agréable. Il sert d'aliment aux porcs et aux oiseaux. Avec la
racine on fait une tisane très utile contre l'hydropisie.

AYUA.

Arbre sauvage. Très commun. Distingué en mâle de couleur
jaune, et en femelle de couleur blanche. Les feuilles sont estimées comme vulnéraire. Ses cendres donnent une lessive très
forte.

BARIA.

Arbre sauvage très abondant. Bois flexible. Ses fleurs sont

recherchées par les abeilles. Son fruit est employé dans l'alimenta-tion des bêtes à cornes et des porcs. Le mucilage de son écorce clarifie le sucre.

BAYUA.

Arbre sauvage. Ressemblant à l'*Ayua* blanche.

BIJARAGUA.

Arbre sauvage. Très rouge, très dur.

BOJE.

Arbre sauvage. Utile dans l'ébénisterie. Recherché pour faire des avirons.

CABIMA.

Arbre sauvage. Son bois, d'un jaune clair, est facile à travailler.

CABO DE HACHA.

Arbre sauvage. Bois léger, résistant, élastique; propre à fabri-quer des manches d'outils; connu aussi sous le nom de *Guaban;* la semence, mêlée à du *curamaguey*, sert à empoisonner les chiens *jibaros* (retournés à l'état sauvage).

CAGUAIRAN.

Arbre sauvage. Semblable au *Quiebra Hacha* et à l'*Acana*, avec lesquels on le confond. Son bois a les mêmes propriétés que le premier. Très utile pour pilotis et usages de l'artillerie.

CAMAGUA.

Arbre sauvage. Bois blanc et fort. Son fruit est bon pour le bétail.

3

CARNE DE DONCELLA.

Arbre sauvage très commun. Bois rouge et résistant. Son fruit est très doux et très agréable.

COCUYO.

Arbre sauvage. Bois très dur, semblable au *Jiqui;* la décoction de son fruit donne une couleur violette.

CUABA BLANCA.

Arbre sauvage résineux ; ses copeaux donnent une lumière claire et persistante. L'odeur en est forte et agréable.

CUAJANI.

Arbre sauvage. Grand et beau. Il produit un fruit vénéneux qui a l'odeur de l'amande. Sa couleur est jaune brûlé. Exposé à l'air, il engendre un ver qui le détruit.

CHICHARRON.

Arbre sauvage très commun. Il y en a deux sortes, le jaune et le noir. Très apprécié pour la menuiserie. On l'emploie aussi pour les courbes dans les constructions navales.

DAGAME.

Arbre sauvage. Bois dur, ferme et élastique, de couleur blanc cendré. On peut en faire des essieux de voitures.

ENCINA.

Chêne. — Arbre sauvage. Son fruit sert à engraisser les porcs.

La décoction de son écorce produit le tanin. Cette écorce, ainsi que les feuilles et les fleurs, est considérée comme fébrifuge. D'un grand usage dans la tannerie.

FRIJOLILLO.

Arbre sauvage. L'écorce intérieure est blanche. Le cœur, de teinte foncée. Dans une autre espèce, le cœur est jaune. Le fruit est un aliment pour le bétail.

GUAIRAJE.

Arbre sauvage feuillu. Le fruit est recherché des porcs.

GUAMA.

Arbre sauvage. Bois dur, ferme et élastique. Couleur blanche. Propre à faire des manches d'outils.

GUANO ESPINOSO.

Variété de palmier, sauvage et fort commun. Son fruit sert à l'alimentation des porcs. Son tronc, incorruptible, sert pour pilotis.

GUASIMA.

Arbre sauvage très commun. Les pourceaux et les bêtes à cornes en sont très friands. Son écorce est suintante, et les charrons l'emploient pour faciliter le fonctionnement des roues des véhicules. Il en existe plusieurs variétés. Son suc s'emploie en médecine pour arrêter la dyssenterie accompagnée de flux de sang.

HICACO PELUDO.

Arbre sauvage rare. De son fruit on prépare une confiture exquise. Recherché aussi des pourceaux. Employé, en médecine, comme astringent, contre les ulcères internes, les blénorrhagies, les catarrhes.

JATA.

Variété de *Guano* ou palmier, ressemblant beaucoup à la *Cana*. Son fruit est très bon pour les porcs. Il est très mucilagineux, et le tronc, incorruptible, sert pour pilotis.

JIQUI.

Arbre sauvage très abondant. Enfoui sous terre, il ne se corrompt pas. C'est le fer du règne végétal. Il atteint la hauteur de 18 mètres et pénètre dans le sol à une profondeur dépassant parfois 4 mètres. Le tronc mesure, en général, de 10 à 12 pieds, avec un diamètre de 2 pieds à 2 pieds 1/2. On l'emploie dans les travaux exigeant une grande solidité.

JIQUI DE COSTA.

Mêmes propriétés que le précédent, sauf qu'il est vénéneux. Sa couleur est plus foncée que celle du cèdre.

JOCUMA.

Arbre sauvage commun. Bois fort et résistant. Comme le *Jiqui* il a droit à la dénomination de fer végétal. En l'incisant on en obtient de la résine. Son suc, laiteux, se solidifie à l'air, et, mis en contact avec la peau, il la fait gonfler. On l'emploie contre les gerçures récentes. Le *Jocuma* est jaune et blanc.

JUCARO.

Arbre sauvage. Son bois est très dur, incorruptible sous terre. Il en existe deux sortes, nommées *Mastclero* et *Bravo*. Ce dernier produit, à l'aide d'une incision, une gomme semblable à celle du Sénégal.

LIBISA.

Arbre sauvage. Commun. Son fruit est très bon pour les porcs.

MACAGUA.

Arbre sauvage. Très commun. Bois dur, résistant, à tige droite. Son fruit, semblable à une petite griote, est recherché par les porcs. Il en existe une autre espèce, jaune vers le centre.

NACURIGE.

Arbre sauvage. Bois dur, très odorant. Les abeilles recherchent ses fleurs. Les pourceaux mangent son fruit; les chevaux et le bétail, ses feuilles. Avec ses bourgeons on fait une décoction considérée comme excellent spécifique contre l'érysipèle.

OCUGE.

Arbre sauvage. Très commun. Son fruit est recherché par les porcs. Il produit une résine inflammable, d'un bon emploi contre les hernies. On extrait de son fruit une huile très employée pour la peinture et les vernis gras. Son bois est très dur et incorruptible.

PALO CAJA.

Arbre sauvage. Les pourceaux mangent son fruit. Les oiseaux aussi. Les feuilles servent, en décoction, contre les maux de dents.

PATABAN.

Arbre sauvage. Abondant dans les lagunes. On le confond avec le manglier.

PINO.

Pin; *occidentalis* et *cubensis*. - Les deux variétés ne donnent pas de pignes. Au sud du village de Mayari, depuis les limites des *haciendas* Guayabo et Platanillo jusqu'au sommet du Colorado, il y a une infinité de ces arbres, dont la hauteur atteint de **12** à **14** mètres. Ils produisent une quantité énorme de résine.

QUIEBRA HACHA.

Arbre sauvage. Très commun. Bois de fer qui se pétrifie sous l'eau. Cet arbre est très beau quand il est en fleurs. On l'emploie dans tous les travaux demandant de la solidité. Il offre cette singularité que, si le bûcheron enfonce la hache dans le tronc et ne la retire promptement, elle est perdue pour lui, car elle se brise sous l'étreinte du bois; pour y faire pénétrer un clou, il ne faut pas cesser de frapper, ou le clou se casse. Le même phénomène se produit sur la vrille, si l'on en suspend la giration.

ROBLE REAL DE OLOR.

Rouvre, espèce de chêne. — Arbre sauvage. Il y en a des jaunes et des blancs. Odeur agréable. Les bestiaux en aiment les feuilles. Son bois s'emploie dans la menuiserie et l'ébénisterie.

SABICU.

Arbre sauvage. Commun. Très grand, très beau, semblable à l'acacia. Il vit très longtemps et le cœur en est dur; sa couleur est

rouge, son tronc est très haut. On le recherche pour les constructions navales, en Angleterre, où on le paye jusqu'à 16 piastres.
Diamètre : 25 pouces en moyenne; hauteur du tronc : 8 mètres.
Malgré sa dureté il ne se conserve pas sous terre. Cuit avec de
l'alun, il produit une encre rosée.

SEIBA.

Arbre sauvage. Commun, gigantesque. Un écrivain indigène
disait de cet arbre ce qui suit : « Il donne de blancs flocons de
laine pour le repos du corps, de l'eau dans ses racines, une salade
exquise par ses bourgeons, une grande quantité de combustible
par ses branches, et, par son énorme tronc, une embarcation. »
D'après l'opinion vulgaire, cet arbre est respecté de la foudre. Il
est attaqué par les parasites. Il vit très vieux. Son bois est blanc;
son suc est vénéneux.

On l'appelle le tambour-major des champs. Il n'est pas rare
d'en rencontrer qui mesurent 5 mètres 1/2 de diamètre. Le Seiba
produit des fleurs rosées de 12 à 13 centimètres qui renferment
une laine très fine.

TENGUE.

Arbre sauvage. De la famille des acacias.

VIGUETA.

Arbre sauvage. Peu connu. Il pousse au bord des lagunes; il y
en a deux espèces : la *Vigueta de Naranjo* et la *Cocina* ou *Hembra*.

JAVA.

Arbre sauvage. Très commun. Il produit une résine employée

comme vermifuge. Cette résine et l'écorce de l'arbre sont vénéneuses. La fumée qu'il produit est nuisible à la vue.

YAIMIQUI.

Arbre sauvage. Bois dur, ferme, à fibres serrées, couleur d'*acana* très foncé. Son fruit sert pour engraisser le bétail, et ses fleurs nourrissent les abeilles.

YAITI.

Arbre sauvage. Bois très dur et foncé. On l'appelle aussi *Haïti* et *Yaite.*

YAMAGUEY.

Arbre sauvage. Dur et incorruptible, épineux. Les pourceaux en aiment le fruit.

YAMAO.

Arbre sauvage. Les chevaux mangent les feuilles et les porcs les fruits.

YANA.

Arbre sauvage. Commun; il croît dans les lieux humides, sur les bords de la mer. Il y a une variété épineuse.

YANIYA.

Arbre sauvage. Il croît dans les lagunes maritimes. Il ressemble au *Palo-Caja.*

YAYA.

Arbre sauvage. Très abondant. Droit; d'un bois dur et flexible. Couleur blanc grisâtre; on en fait des solives. L'écorce, en décoction, sert contre les spasmes et le tétanos. Le fruit sert à engraisser le bétail.

VÉGÉTAUX UTILES A LA PHARMACIE ET A L'INDUSTRIE.

ABA.

Arbre sauvage. Les feuilles en sont employées pour guérir la paralysie.

ABEY.

ACHICORIA.

Chicorée sauvage. — Plante blanche et brune. On l'emploie, en boisson, comme réfrigérant et apéritif.

AGRIMONIA.

Agrimonie. — Plante sauvage vermifuge.

AGUACATILLO.

Grand arbre sauvage de la famille des *Lauriers*. L'écorce et les racines sont astringentes.

AGUEDITA OU QUINA DE LA TIERRA.

Variété du quinquina. — Arbre sauvage très estimé pour ses vertus fébrifuges.

ALELUYA OU AGRIO DE GUINEA.

Alléluia. Oseille-surelle. — Plante sauvage de la famille des Malvacées. Elle rougit le bleu végétal. On en fait des confitures, des sauces, des boissons rafraîchissantes. Spécifique excellent contre la diarrhée et les fièvres inflammatoires. A Port-au-Prince on la connaît sous le nom de *Sereni*.

4

ALMACIGO.

Pistachier lentisque. — Arbre sauvage abondant. Il y a la variété de Côte et l'Épineuse; blanc et rouge. Il produit une résine dont on frictionne le bétail pour tuer sa vermine. Les bourgeons et le mastic servent pour combattre les rhumes. C'est un puissant antidote contre les fièvres invétérées.

ANAMU.

Plante sauvage. Il a l'odeur d'ail et transmet cette odeur au lait des vaches qui en mangent. Il est abortif.

APASOTE.

Plante sauvage très commune. Il y en a des variétés à fleurs blanches, jaunes et rougeâtres. Odeur désagréable, âcre, piquante, amère. Excellent vermifuge.

ARTEMISA.

Armoise. — Plante sauvage commune. Odorante. C'est un bon résolutif.

ARTEMISILLA, CONFITILLO OU ESCOBA AMARGA.

Plante sauvage très commune. On s'en sert contre la gale, et en cataplasmes, comme résolutif.

AVELLANO.

Avelinier. — Arbre sauvage. De son amande on extrait de l'huile. Son suc laiteux donne une gomme élastique.

BACUEI.

Les feuilles, infusées dans l'alcool, calment les douleurs menstruelles.

BEJUGO DE LOMBRICES.

Liane à vers. — Vertus anthelmintiques.

BEN.

Son écorce et sa racine ont l'odeur et le goût du radis. Rougit le papier bleu de tournesol. L'huile de ses graines ne rancit pas.

BETONICA.

Bétoine. — Herbe sauvage. Feuilles aromatiques. Infusées dans l'alcool elles ont des applications variées.

BIJAGUA.

Achiot. — Arbre sauvage. Les feuilles ont des propriétés médicinales.

BORRAJA.

Bourrache. — Plante très connue comme diaphorétique.

CABALONGA.

Arbre sauvage. Les graines sont un poison pour les chèvres. L'écorce, pulvérisée, l'est aussi pour le bétail.

CAISIMON.

Plante sauvage. D'une odeur agréable. On extrait de ses graines une huile essentielle qui a les propriétés de l'anis. Les bourgeons sont âcres, antiscorbutiques; les feuilles constituent un diurétique excellent. Spécifique contre les maux de tête.

CALAGUALA.

De la famille des Fougères, anthelmintique et sudorifique. On l'emploie contre les rhumatismes, les indigestions, les contusions.

CALENTURA.

Plante sauvage. Émétique, purgative. On l'emploie aussi dans la fabrication des cordes.

CANA FISTULA.

Cassier. — Arbre légumineux. Il produit une gousse dont le fruit qui y est contenu et surtout la pulpe sont très connus en médecine pour leurs propriétés laxatives.

CANA OU CANUELA SANTA.

Plante commune, à odeur de citron; on la connaît aussi sous la dénomination de *Limoncillo;* très efficace, dans les fluxions, comme sudorifique. Elle sert aussi contre les affections asthmatiques.

CARDO SANTO.

Chardon bénit, centaurée. -- Plante sauvage. La graine s'emploie comme vomitif; le lait, d'une teinte jaune, guérit les dartres. Les feuilles employées en décoction sont plus estimées que le quinquina.

CELIDONIA. — Voyez : *Yerba sanguinaria.*

CONFITILLO. — Voyez : *Artemisilla.*

CASTANO (BEJUCO DE).

Arbre sauvage. La châtaigne qu'il produit est un éméto-purgatif très dangereux.

CEREZO.

Cerisier. — Arbre sauvage. De son fruit on fait des conserves. Le tronc produit de la gomme. L'écorce s'emploie pour la préparation des peaux. Ses cerises ont aussi des propriétés médicinales.

COJATE.

Plante très abondante ; ses racines sont diurétiques ; en décoction, avec un peu de nitre doux, elles calment la néphrite.

COJATILLO.

Espèce de Gingembre. — Il naît dans les bois touffus.

COPAL.

Arbre sauvage. Produit la résine de ce nom, un des baumes les plus bienfaisants.

COPEL OU CUPEY.

Plante parasite. On fait usage de son suc, obtenu par incision, contre les fractures. Son fruit, mûr, mis au feu, donne une résine odorante, à propriétés médicinales très développées.

CUBAINICU.

Plante sauvage. Les feuilles servent à la guérison des plaies et des blessures.

CULANTRILLO.

Adiante ou Sauve-vie. — Plante qui croît dans les endroits humides. En décoction, on la donne aux femmes en couches.

CUNDEAMOR.

Balsamine. — Liane estimée pour les propriétés vulnéraires de son fruit, qui s'appelle aussi *Balsamina*.

CURAMACUEY.

Liane sauvage. Abondante. Ses feuilles, pulvérisées et mêlées à de la viande, sont employées par les paysans pour détruire les animaux malfaisants.

CHAMICO.

Les feuilles, roulées comme un cigare, se fument pour apaiser certains maux de poitrine. Narcotique et vénéneux.

CHAYO.

Plante. — La graine produit une huile âcre; purgatif très actif.

CHICHICATE.

Arbuste sauvage. Il pique la main qui le touche. Sa tige produit des fibres textiles.

DICTAMO REAL OU PALOMILLA.

Dictamnus albus. — Espèce d'Euphorbe sauvage. Très commun. Les abeilles en affectionnent la fleur. Le suc laiteux de la plante est un vomi-purgatif violent; on l'emploie contre les dartres. Les feuilles, dépouillées de leurs nervures, servent à guérir les maux de gorge, et, en décoction ou en sirop, les maux de poitrine.

DRAGO.

Dragonnier. — Arbre sauvage. Résineux; produit la gomme ou sang-dragon, employé en médecine.

ESCOBA AMARGA. — Voyez : *Artemisilla.*

ESPIGELIA.

On la considère comme un vermifuge, et très violent.

FILIGRANA.

Petit arbuste sauvage aromatique. En décoction on l'emploie contre les maux de poitrine. Il produit une fraise comestible.

FLORIPONDIO

Variété de *Chamico* qui chasse la fourmi *bibijagua.*

FRAILECILLO.

Arisarum. — Arbuste à fruit purgatif et à fleurs odorantes.

GOMA ELASTICA.

Arbre exotique importé et déjà assez répandu à Cuba. La gomme qu'il produit est très connue.

GRAMA.

Chiendent. — On connaît celle dite de *Castilla* et celle dite de *Caballo :* abondantes variétés.

GUACALOTE OU GUANANA.

Liane légumineuse; donne un *mate* jaune; son amande est vénéneuse.

GUACAMAYA.

Arbre commun, de très bel aspect. Les fleurs sont sudorifiques et fébrifuges.

GUACO.

Diverses espèces; il est réputé comme curatif contre les piqûres vénimeuses et le choléra-morbus.

GUAGUASI.

Arbre sauvage. Son écorce et ses feuilles, pulvérisées, s'emploient pour guérir les plaies. Résine aromatique obtenue par incision, utile comme purgatif. Le bois de cet arbre s'emploie pour la construction.

GUANINA.

Herbe sauvage très commune. Ses graines, torréfiées comme le café, s'emploient contre les douleurs spasmodiques; la racine sert contre les éruptions cutanées.

GUAO.

Arbre sauvage très abondant. Bois rouge, solide. Donne de la résine par incision. Son contact et celui de son lait, son ombre même, produisent des plaies dont l'antidote est la tête de la *Guasima*.

GUARANA.

Lorsque les porcs mangent de ses graines en abondance, ils *crèvent :* dans le sens textuel et exact de mourir en éclatant. Ce mal est connu sous le nom de Sahumaya; le *Guarana* mâle donne une teinture violet foncé.

GUAURO.

Liane. En décoction, on s'en sert contre les hémorroïdes, et aussi contre les spasmes et le tétanos.

GUIRA OU GUIRA CRIOLLA.

Arbre très commun; il projette son fruit, dont le péricarpe a parfois un diamètre de près d'un pied et demi; sa pulpe, extraite, sert à faire des pots et ustensiles de cuisine; cette pulpe, mêlée à du miel, s'emploie contre les obstructions, les blessures et les coups; vomitif excellent dans les affections de poitrine.

GUIRITO ESPINOSO.

Semblable à l'aubergine; le fruit est un bon remède contre l'asthme.

GUISASO.

Il y en a plusieurs variétés : de *Caballo*, de *Cochino* et de *Guisasillo* : toutes utiles contre les ulcères et les blessures. On l'emploie pour teindre les tissus.

HIGUERETA OU PALMA CHRISTI.

Plante herbacée très utile en médecine. Elle pousse spontanément dans toute l'île, surtout sur les bords du Mayari, de ses affluents, et sur les montagnes de l'intérieur. Son suc est un purgatif employé comme vermifuge très actif, connu sous le nom de huile de Ricin. En outre de son emploi en médecine, il sert à l'éclairage.

HUEVO DE GALLO.

Arbuste à suc âcre, caustique. Sert pour arrêter les hémorrhagies.

5

JABONCILLO.

Liane. Sert au nettoyage des dents. Il distille une eau employée en médecine contre les brûlures.

JAGUEY.

Mâle et femelle. Il devient très grand et fait dessécher les arbres voisins. Les bestiaux mangent son fruit. Avec son suc laiteux on prépare des cataplasmes pour les inflammations de la poitrine et les fractures; son liber est aussi dur que celui du *Majagua*. De son bois on fabrique des plateaux, des assiettes, etc.

JAYABACANA.

Arbre sauvage épineux. L'écorce et les feuilles sont très caustiques; la sève guérit les éruptions cutanées.

JIBA.

Arbuste sauvage des lagunes. Les tortues mangent son fruit. Il en est une variété sylvestre dont la racine s'emploie, en décoction, contre les contusions.

LENGUA DE VACA.

Plante sauvage. Croît dans les rochers, les troncs d'arbres et les lieux humides; ses feuilles sont diaphorétiques et s'emploient en cataplasmes sur les points de côté. Il existe un arbre du même nom au bord des ruisseaux. Les porcs se nourrissent de son fruit.

LOBELIA.

Plante sauvage peu connue. On l'emploie contre les maladies vénériennes. De là son surnom de *mercure végétal*.

LLANTEN.

Plantain. — Plante commune; on l'emploie en pommade et autrement, contre les flux, les ulcères, les contusions, etc. Sa graine est très recherchée des oiseaux.

MABOA.

Arbre sauvage commun. Produit une gomme-résine. Son lait, vénéneux, employé avec prudence, sert à détruire les dents cariées. Son bois s'emploie dans la construction. On le distingue en *Maboa* de plaine, *Maboa* de montagne et une autre espèce dite *cameraria angustifolia*.

MACUEY.

Liane employée contre les maux de dents.

MALAMBO.

Arbre exotique, à écorce semblable au quinquina; usité comme fébrifuge.

MALANGA CIMARRONA. — Voyez : *Guarana*.

MALVA.

Mauve. — Il y en a plusieurs espèces. Vertus très connues.

MANAJU.

Arbre sauvage. Produit, à l'incision, une gomme-résine jaune très utile pour les spasmes, les blessures, etc. Son bois s'emploie en solives dans les constructions rustiques, et aussi pour la teinture, etc.

MANZANILLA.

Camomille. — Plante exotique, aromatique, dont la petite fleur jaune sert contre les douleurs et l'érysipèle. Il y en a une autre espèce dite *Manzanilla de la tierra*.

MIRASOL.

Héliotrope. — Huile très utile.

MORURO.

Arbre sauvage légumineux. Son écorce s'emploie dans la tannerie, et son bois dans la construction. Semblable au *Moruro* de côte.

NOGAL.

Noyer. — Arbre sauvage. L'huile de sa noix sert en peinture et dans la fabrication du savon. Le bois sert aux sculpteurs et aux tourneurs. En médecine, son huile s'emploie pour détruire le ténia; ses feuilles, comme sudorifique.

ORORUZ.

Plante sauvage aromatique. Employée dans les affections de poitrine.

ORTIGA OU ORTIGUILLA.

Ortie. — Mêmes qualités que l'ortie exotique.

PALO BLANCO.

Arbre sauvage. Écorce très amère et élastique.

PALOMILLA OU DICTAMO REAL. Voyez : *Dictamo real*.

PARAISO.

Arbre dont le fruit est vénéneux; employés avec prudence, l'écorce, le suc et les racines en sont vermifuges.

PENDEJERA.

Plante sauvage. Très commune et semblable à l'aubergine. Le bétail mange ses feuilles, et les colombes son fruit. La décoction de ses racines est diurétique.

PEONIA.

Liane légumineuse et médicale. Ses pois chiches, sphériques, sont employés par les jeunes filles pour faire des colliers et autres ornements.

PEPU.

La feuille s'emploie contre les maux de tête.

PICA-PICA.

Liane abondante. S'emploie comme vermifuge.

PINI-PINI.

Arbuste sauvage commun; son contact et l'atmosphère où il respire sont dangereux. Le lait de son fruit est vénéneux.

PINON BOTIJA.

Arbuste. Produit un suc blanc, âcre, astringent et d'odeur nauséabonde. Ses pignons sont huileux à ce point que la simple pression des doigts en exprime une huile médicinale, spécifique contre l'hydropisie. Elle est très active comme émétique et comme purgatif; aussi son emploi exige des précautions. Le remède est l'absorption prompte d'eau froide. Avec ses racines on guérit le *sapotillo* et le scorbut.

PLATANILLO.

Plante sauvage commune. Usitée en médecine contre les ulcères.

PONASI.

Plusieurs variétés. Guérit la gale.

PRINGAMOSA.

Liane commune, recouverte d'un duvet. Son contact produit une démangeaison violente.

QUITASOLILLO.

Parasol. — Plante dont la racine est aromatique et piquante. Il produit une huile essentielle odorante, stomachique et antiscorbutique.

RAIZ DE CHINA.

Liane. Sa racine sert d'antidote à certains poisons. C'est aussi un diaphorétique. On l'appelle encore *name cimarron* ou *bobo*.

RAIZ DE PACIENCIA.

Plante médicinale qui produit une boisson apéritive.

REVIENTA CABALLO.

Plante sauvage. Abondante dans les lieux humides. Sa fleur ressemble un peu à celle du *Nard*, laiteuse et vénéneuse, en particulier pour le cheval. Sa racine, employée avec prudence, combat les odontalgies.

ROMPE ZARAGUELLES.

Plante très commune. La décoction en est très efficace contre la diarrhée.

SABELECCION.

Plante sauvage très abondante. Espèce de cresson qui produit une huile volatile. La racine a une saveur âcre et piquante, et s'emploie comme diurétique, vermifuge et antiscorbutique.

SAETIA.

Plante sauvage de la famille des graminées ; naît spontanément dans les plaines pendant la saison pluvieuse. Elle est préjudiciable au bétail à cause des épines dont elle est hérissée.

SAJUMAYA. — Voyez : *Guarana*.

SALVADERA OU JABIYA.

Arbre hérissé de pointes. Jouit de vertus émétiques.

SALVIA.

Sauge. — De *Castille, cimarrona, de côte* ou *marine.* Cette dernière est sauvage et très abondante sur les côtes basses de la mer. Ses feuilles et ses fleurs s'emploient contre les rhumatismes, les maux de tête, les spasmes.

SASAFRAS.

Sassafras. — Arbre à fleurs d'odeur désagréable. On l'administre, en décoction, contre les spasmes de l'estomac.

SAUCO.

Sureau. — Deux variétés : l'une à fleurs blanches, l'autre à fleurs jaunes. Employées toutes les deux contre les affections de poitrine et comme diaphorétiques.

SIGUARAYA.

Arbuste très utile dans le traitement des maladies vénériennes.

TABACO.

Nicotiana. — Nous omettons la description de cette plante, connue de tout le monde.

TABANO.

Plante sauvage. On en fait des bâtonnets et des brosses à nettoyer les dents. Diurétique.

TAMARINDILLO.

Arbuste à fleurs mignonnes et à graines. Il produit des taches et des démangeaisons.

TORODJIL.

Plante exotique. Espèce de menthe. Aromatique comme celle-ci et ayant les mêmes applications.

TRICOLOR. — Voyez : *Guacamaya.*

TUATUA.

Plante sauvage. Quelques-uns la nomment *Frailecito.* Purgative.

TUNA.

Deux variétés : la *tuna* blanche de Castille qui produit le fruit de ce nom ; la *tuna* rouge ou sauvage, couverte d'épines, produisant une figue de couleur carmin, précieuse et très diurétique.

UBI.

Liane très propre à faire les paniers et à entretenir les vésicatoires. Plusieurs espèces.

UNA DE GATO.

Liane légumineuse ; portant des épines en forme d'ongles de chat, d'où lui vient son nom. On lui attribue des propriétés antivénériennes.

VERBENA.

Verveine. — Plante sauvage. C'est un astringent et un amer.

VERDOLAGA FRANCESA.

Pourpier. — A grandes feuilles et fleurs violettes ; employé contre les maux de tête.

VINAGRERA.

Il en existe plusieurs variétés, que l'on confond avec l'*Alleluia*, l'*Oseille* et le *Vinagrillo*, qui produisent de l'acide oxalique : elles effacent les taches d'encre, stimulent l'appétit, et sont un tempérant du sang.

VOLATINES.

Plusieurs espèces : antiscorbutiques, stimulantes et diurétiques.

6

YAGRUMA.

Arbre sauvage commun. Son suc laiteux est astringent et même corrosif. De ses cendres on extrait un alcali excellent pour le blanchiment des étoffes et la clarification du *guarapo*, boisson qui se prépare avec la canne à sucre.

YERBA BUENA.

Menthe. — L'exotique est très abondante et très connue.

YERBA HEDIONDA.

Plante sauvage. Légumineuse. Très commune. Les semences, torréfiées se prennent souvent en guise de café. Le suc de ses feuilles constitue un purgatif et un remède efficace contre la dyssenterie accompagnée de flux de sang. On la nomme aussi *Brusca*.

YERBA DE LIMON. — Voyez : *Cana* ou *Canuela Santa*.

YERBA DE SAPO.

Plante qui pousse sur les bords des ruisseaux ; on lui attribue une action curative sur le sang.

YERBA MULATA.

Plante sauvage employée contre la dyssenterie.

YERBA TERRESTRE.

Plante sauvage médicinale. Sert de nourriture au bétail.

YERBA DE LA SANGRE OU SANGUINARIA.

Renouée.— Plante sauvage. Très abondante. Les tiges ramifiées ressemblent à des fils de fer, sont violettes, laiteuses. On les emploie pour purifier et tempérer le sang. D'aucuns la désignent par le nom de *Celidonia.*

YERBA MORA.

Morelle. — Plante sauvage. Commune. Elle s'ajoute au sirop de mûres pour traiter les maux de gorge.

YERBA DE GARRO.

Plante sauvage. Utile dans le traitement de l'éléphantiasis. Purifie le sang.

YERBA DE VIDRIO.

Son suc est nuisible.

ZABIDA.

Plante sauvage. Semblable par ses propriétés générales à l'aloès exotique. Plante médicinale. On l'appelle aussi *Zabila.*

VÉGÉTAUX ESTIMÉS POUR LEURS FRUITS
ET LEURS GRAINES COMESTIBLES.

L'objet de ce mémoire étant de faire connaître uniquement les produits qui ont une valeur dans le commerce, je n'entrerai pas dans la description de ces végétaux.

FRUITS, ETC.

Je donnerai une courte notice sur ceux qui sont peu connus en Europe :

AGUACATE.

Arbre très feuillu. Donne un fruit semblable à une grosse poire, qui fournit une salade très appréciée, et se mange aussi sans aucune préparation. Les bourgeons s'emploient pour combattre la suppression des menstrues.

AJONJOLI.

Sésame. — Plante que le Dictionnaire de l'Académie décrit sous le nom de Alegria.

ANON.

Assiminier. — Arbre commun. Produit un fruit aromatique délicieux, ressemblant par sa forme à une pomme de pin.

ANONCILLO OU MAMONCILLO.

Arbre magnifique ; produit ses fruits en grappes de la grosseur d'une noix; il contient une crème végétale astringente et aigre-douce.

ARROZ.

Riz. — Malgré la grande production de ce végétal, qui monte à 4,000 arrobes pour une *caballeria* de terre, soit 100 grains pour *un*, la culture ne s'en est pas généralisée, par suite du manque de moulins nécessaires à son nettoyage et à sa décortication.

ARVEJA. — Voyez : *Chicharo*.

BERENJENA. — Aubergine.

CACAO.

Cette semence d'une si grande valeur se produit à raison de

cinq livres par arbuste, soit 250 quintaux par *caballeria*. Le plus estimé est celui que produisent les sommets de Sierra Nipe et Mayari, aujourd'hui abandonnés.

CAFÉ.
CAIMITILLO.

Arbre sauvage. Produit un fruit de couleur violette, astringent et sucré. Le bois sert pour la construction.

CALABAZA. — Citrouille.
CANISTE.

Arbre rare. Fruit stimulant, jaune orangé.

CANA.

Canne. — Bien connu. Il y en a plusieurs variétés dont voici les noms : *Criolla, Listada, Morada*, de *Otahiti* et *Cristalina*.

CIDRA. — Bergamotte.
CIRUELA. — Prune.
COCO. — Cocotier.— Déjà décrit.
COROJO.

Espèce de palmier qui donne son fruit en lourdes grappes ; en dedans, le fruit est blanc et a le goût du coco ; il produit de l'huile et du beurre et un fil dit *pita*.

CHAYOTERA.

Liane grimpante propre à faire de l'ombrage. Produit le *Chayote*, qui se mange en salade.

CHICHARO OU ARVEJA.

On connaît le pois sous ces deux noms.

CHIRIMOYA.

Tachimentier. — Arbre rare de la famille de l'Assiminier.

DATIL.

Dattier. — Importé de Barbarie. Aujourd'hui il est très abondant et sa production plus précoce qu'à son lieu d'origine.

FRIJOL. — Haricot.

GARBANZO. — Pois chiche.

GRANADO. — Grenadier.

GROSELLO. — Groseillier.

GUANABANO.

Arbre très commun de la famille des *Assiminiers*. Son fruit est gros et s'appelle *Guanabana;* il est blanc, sucré et rafraîchissant. On en fait des sorbets exquis.

GUAMDU.

Plante à fleurs jaunes. Il produit des gaînes qui renferment un fruit semblable au pois.

GUAYABO.

Goyavier. — Arbuste. Il y en a trois variétés qui produisent la goyave *cotorrera*, la *blanche* et celle du *Pérou.* La première très commune, met un terme aux diarrhées et flux de sang ; on en fait une confiture très recherchée par l'exportation ; cuite, l'écorce, donne une encre rouge. La deuxième est un peu plus blanche ; la troisième, qui a la forme d'une poire, est la plus savoureuse ; elle est astringente.

HICACO. — Déjà décrit.

HIGO.

Figuier. — Très répandu ; il ne produit pas d'aussi bons fruits que ceux d'Espagne, à cause de la culture défectueuse. On trouve en outre la figue de Tuna : *Chumbo.*

JAGUA.

Xagua. — Arbre sauvage. Produit le fruit de ce nom, mucilagineux, aigre-doux, rafraîchissant ; on en fait des confitures, des liqueurs, des vinaigres et autres boissons. Il sert à guérir les tumeurs, les loupes, les éruptions vénériennes.

LIMA. — Très commun.

LIMON DULCE. — Très commun.

MAIZ.

Maïs. — Des trente-deux espèces connues, on en cultive onze à Cuba. On l'emploie beaucoup dans l'alimentation, et il s'en fait deux récoltes par an.

MAMEY AMARILLO OU DE SANTO DOMINGO.

Mammei jaune. — Bel arbre à gomme-résine ; bois rouge, dur,

apte à la construction. Ses fleurs ont du parfum et le fruit qui leur succède est gros, à chair jaune, suave, aromatique, aigre-douce et très savoureuse.

MAMEY COLORADO.

Mamenei rouge. — Grand arbre. Son fruit, à peau rugueuse, contient une pulpe rouge, douce et d'un goût agréable.

MAMON.

Drageons. — Arbre sauvage à fruits sucrés et savoureux.

MANGO.

Arbre exotique très commun. Produit le fruit de ce nom, doux et rafraîchissant. Il s'en fait beaucoup de confitures.

MARANON.

Arbre de peu de développement ; fruit en forme de poire. L'écorce sert à la tannerie. La peau du fruit est huileuse, caustique et combustible. Le tronc produit une gomme analogue à la gomme arabique.

MELON. — Melon.

MILLO. — Mil.

NARANJO. — Oranger.

NISPERO.

Néflier. — Arbre commun. Son fruit est exquis. On le nomme *sapote mamey*.

PAN (ARBOL DEL).

Artocape, Jaquier. — Son fruit, en boule, contient des amandes farineuses qui, torréfiées, sont fort savoureuses.

PAPAYO.

Très commun. Son fruit, nommé *papaya*, est doux mais insipide.

PEPINO. — Concombre.

PINA.

Ananas. — Cette plante produit le fruit le plus exquis de l'Amérique. Grande exportation.

PLATANO.

Platane. — Beaucoup de variétés. Son fruit, dont il se fait grand commerce, a tant de valeur, qu'il mériterait un chapitre à part. Il sert d'aliment général au naturel, en confiture ; il remplace le pain, etc., etc.

POMA ROSA.

SAPOTE. — Voyez : *Nispero*.

TAMARINDO.

Tamarinier. — Arbre magnifique. Le fruit est une gousse oblongue, indéhiscente, qui renferme les graines dans une pulpe tendre, très agréable, quoique acide, dont on fait des rafraîchissements et le tamarin, qu'on exporte en grande quantité.

TORONJA. — Sorte de citron.

7

TRIGO. — Blé.

UVA. — Raisin.

UVERO.

Arbre sauvage. Son fruit s'appelle aussi : *uva de caleta*.

VOLADOR.

Liane qui donne un fruit très amer, semblable à la pomme de terre.

N. B. — La plupart des fruits d'Europe s'acclimatent dans les montagnes élevées du département oriental.

VIANDAS

Je ne classifie pas cette sorte de végétaux, car ils ne sont pas propres à l'exportation ; mais dans les terrains de Mayari se produisent tous ceux que l'on connaît, excepté l'artichaut et le chardon.

VÉGÉTAUX POUR CONDIMENTS.

Aji-Ajo (Ail). — *Cilantro* ou *Culantro de Cartajena* (Coriandre). — *Curbana.* — *Laurel* (Laurier). — *Limon* (Citron). — *Malagueta* (Graine de Paradis). — *Mostaza* (Senevé). — *Orégano* (Origan). — *Peregil* (Persil). — *Pimienta* (Poivre). — *Pimiento* (Poivrier ou Poivre de Guinée). — *Tomate*, etc.

PATURAGES.

Bahama ou *Bermuda* (Bermudienne). — *Bejuco Marrullero.* — *Bibona.* — *Bledo* (Blette). — *Bucare.* — *Cagüaso.* — *Canamazo*

(Chambre). — *Canutillo.* — *Caramarama.* — *Caricillo.* — *Guasima.*
— *Guayabillo.* — *Nea.* — *Pata de Gallina.* — *Rabo de zorra.* —
Ramon (Ramée). — *Ramoncillo.* — *Romerillo* (Sorte de Romarin).
— *Surbana.* — *Trébol* (Trèfle). — *Yerba de Guinea.*

VÉGÉTAUX POUR ENCLOS.

Bayoneta. — *Cana.* — *Guairage.* — *Guano : blanc, ferme, de
mont, de côte, épineux.* — *Hicaquillo.* — *Jobo.* — *Limoncito.* —
Manaca. — *Maya ou Pina de Raton.* — *Pinon de Cuba,* français et
épineux.

PLANTES UTILES POUR CORDERIE ET TISSUS.

Algodom (Coton). — *Bejuco de verraco : pelado, perdicero, vergajo
angarilla, sabanero, de Baracoa, de Cuba, de Tortuga, colorado, de
canasta, prieto et prieto laiteux* qui distille une résine jaune (Espèces
de lianes). — *Camelote.* — *Daguiya.* — *Guiajabon.* — *Guama.* —
Guaniqui ou *Bejuco de canasta* (Liane). — *Güin.* — *Jeniquen* ou
Heniquen. — *Junco* (Jonc). — *Macusey.* — *Maguey.* — *Majagua.* —
Masio. — *Yarey,* etc.

VÉGÉTAUX TINCTORIAUX.

Anil (Indigo). — *Bija* (Achiot). — *Brazil (Palo del)* (Bois du Bré-
sil). — *Cairel.* — *Fustete* (Fustet). — *Guarana, mâle.* — *Guatapana.*
— *Jiquilèe.* — *Mazereno.* — *Palo Campeche.* (Bois de Campêche).
— *Yuquilla.*

VÉGÉTAUX POUR APPLICATIONS DIVERSES.

ALAMO.

Peuplier. — Arbre sauvage. Très employé sur les promenades.

BAGA.

Ses racines, aussi légères que du liège, servent à la fabrication des filets.

BEJUCO DE CAREY.

Les feuilles servent au polissage de l'écaille de *carey*.

CAREICILLO. — Même usage que le précédent.

CYPRÈS. — Cyprès.

ESTROPAJO.

Liane très commune ; son fruit, filamenteux, sert pour laver la vaisselle et le parquet.

GUAJACA.

Ses filaments servent à fabriquer des matelas, des coussins, etc.

GUIRO.

Sorte de citrouille. Son fruit sert à faire des gourdes.

JABONCILLO.

LLORON. — Saule pleureur.

MANGLE. — Manglier.

MATE. — Herbe du Paraguay.

MORA. — Mûre.

PALMA BARRIGONA. — Sorte de Palmier.

PALO COCHINO.

Produit une résine nommée *Gomme sucrée*. Le tronc sert à faire des tonneaux.

PARRA CIMARRQNA.

De quelque côté qu'on coupe cette liane, on obtient de l'eau cristalline.

PASA DE NEGRO.

PERALEJO.

Variété de peuplier blanc. Apte aux besoins de la médecine et de la tannerie. Cuit avec de l'alun il donne de la peinture rouge.

RASCA BARRIGA.

De ses branches on fait des manches de fouets.

TÉ DE LA TIERRA.

Succédané du thé de la Chine.

TIBISI.

TUYA.

VAINILLA.

Vanille. — Celle que produit cette liane est plus courte que celle du Mexique.

VINAGRILLO.

Sert à enlever les taches.

YUQUILLA DE RATON.

Son tubercule se développe prodigieusement et produit un ami-
don très blanc.

YURAGUANO.

Variété de palmier; avec les feuilles on fait des *seronos* pour les
bêtes de somme; le tronc sert à former des clôtures; il produit
aussi de la laine. On le nomme encore *Miraguano*.

N. B. — Il existe encore une infinité de végétaux dont la description serait interminable.

Signé: GERMAN G. DE LAS PENAS.

CHAPITRE III.

MÉTALLOGRAPHIE DES TERRAINS DE NIPE.

Les vastes montagnes de Nipe, dont les limites septentrionales se trouvent près de la Grande Baie, et toutes celles qui entourent les terrains de MM. Estéfani y Crespo offrent un sol composé de formations secondaires et tertiaires traversées par quelques roches de granit-gneiss, de syénitique et d'euphotide, ainsi que l'ont démontré des reconnaissances vérifiées, et dont la théorie a été donnée, avec la plus grande exactitude, par l'illustre baron de Humboldt.

Les premiers habitants avaient reconnu déjà l'existence de métaux qui se révélaient comme spontanément dans ces terrains, et le résultat des diverses investigations pratiquées a été la reconnaissance de pyrites incrustées dans les roches et de poudre d'or dans les sables qu'entraînent les courants des rivières, en particulier du Mayari.

Mais la description de l'état minéralogique de ces terrains n'entre pas dans le programme de ce rapport, par plusieurs raisons : une première est que, si les appréciations étaient faites par la partie intéressée, elles seraient ou pourraient être taxées d'exagération ; une seconde est que la trouvaille de filons n'augmente pas la valeur des terrains où ils sont situés, les gisements étant la propriété de qui les découvre. Je borne donc mes observations à cet égard à consigner que j'ai trouvé, dans les limites des montagnes de Nipe et de Mayari, quelques échantillons de quartz avec des particules aurifères de sulfate de cuivre naturel, du carbonate de cuivre bleu et vert cristallisé, du peroxyde de fer, et des silicates pierreux, silex, argent, talc, cristal de roche, hydrargyre.

Signé : GERMAN G. DE LAS PENAS.

CHAPITRE IV.

CLIMAT.

Le climat général de Cuba est sain et clément. La température, chaude et humide dans la saison des pluies, — de mai à octobre, — est très supportable dans les autres mois, les chaleurs étant heureusement neutralisées par une brise constante.

Dans les terrains dépendant de Nipe, la température est encore plus douce et plus bénigne que dans le reste de l'île, et jamais on n'y a connu de maladies épidémiques, sans excepter la fièvre jaune.

A l'appui de cette affirmation je constaterai un fait qui la rend incontestable : en 1877, il a été établi à Nipe un dépôt de malades, au nombre de 1,000, et aucun d'eux n'a succombé à l'épidémie, malgré le grand développement que prirent à cette époque, à Santiago de Cuba, la fièvre jaune et la petite vérole ; et, en dépit de l'arrivée à Mayari même d'une négresse, avec cinq enfants, dont deux atteints de cette dernière maladie, aucune propagation ne se manifesta.

Dans le « Diario de la Marina » du 21 juillet 1860, il existe un « État sanitaire » où il est constaté que, dans le mois précédent, pendant lequel on observa le plus de ravages de la fièvre jaune, on en constata, dans le département oriental, 18 cas seulement, dont un seul fut mortel.

Signé : GERMAN G. DE LAS PENAS.

8

CHAPITRE V.

COMPOSITION GÉOLOGIQUE. — RICHESSE DU SOL.

Ces vastes terrains, dont la fertilité est au-dessus de toute expression, offrent, outre les nombreuses essences qui les couvrent, une richesse inouïe du sol cultivable.

En exceptant quelques *manchones* à proximité de la mer, sur la côte est de la Baie, entre les caps de la Merced et de Tabaco, dans les environs de l'Estero de Cajimaya, vers le sud-est, tous les terrains sont recouverts d'une couche d'humus ou terre végétale dépassant, en général, 1 mètre et demi.

Les terres rouges et vermeilles, estimées par nos agriculteurs comme les meilleures, sont très abondantes dans toute la profondeur de cette couche. Ces terres, nommées généralement *mulatas*, lorsque la couleur n'en est pas aussi vive, contiennent de l'oxyde de fer, et sont d'une inestimable valeur pour la culture de la canne à sucre, qui y prend un développement merveilleux, dépassant, sans exagération aucune, dont nous voulons éviter jusqu'au semblant, les attentes les plus ambitieuses. Je pourrais en citer des essais de culture dont la richesse de rendement me serait facile à prouver.

Je suis, d'ailleurs, dispensé de le faire par la renommée attachée à ces terrains et dont ils ont toujours joui. Je me borne à dire que le rendement de la canne, comparativement à celui qu'on en obtient dans le département occidental, est de 50 à 75 %, plus élevé, malgré les systèmes routiniers encore usités parmi nos agriculteurs.

Les terres noires sont considérables aussi. Elles couvrent de vastes espaces, et, si elles sont inférieures en qualité aux rouges, elles rachètent en partie cette infériorité par l'épaisseur de leur couche, qui rend plus permanentes leurs conditions de fécondité.

La variété la plus commune de terrain est l'argilo-siliceux, d'autant plus riche, qu'il est arrosé à profusion par des ruisseaux et des rivières dont les eaux y entretiennent une constante et précieuse humidité.

Nous avons dit que ces terrains sont couverts pour la plupart d'une épaisse couche de terre végétale. Cette couche, riche par elle-même, est recouverte dans sa plus grande partie d'un manteau de terreau. La production y tient du prodige. Nous ne citerons qu'un exemple. En 1860, une partie en fut mise en culture pour alimenter des *trapiches* — petits *injénios*. — Depuis vingt années, pendant dix desquelles cette culture a été abandonnée, les plantes ont résisté à l'envahissement des mauvaises herbes et des broussailles, qui, au lieu de les étouffer, semblent leur avoir apporté, au contraire, un surcroît d'exubérance.

Les terrains calcaires-argileux et calcaires-sablonneux, propices à la culture des plantes laurinées et myrtacées; les terrains sablonneux, utiles aux fusiformes et aux tuberculeuses; les calcaires, nécessaires à la conservation et au développement de certains arbres, y sont peu abondants; mais on en peut néanmoins tirer partie, au moyen d'une bonne distribution.

En outre, comme il est nécessaire de conserver, sur les hauteurs surtout, une grande abondance d'arbres, à cause de leurs propriétés atmosphériques, ces terrains de qualité inférieure, utiles pourtant à beaucoup d'usages, sont de peu d'importance.

Signé : GERMAN G. DE LAS PENAS.

CHAPITRE VI.

Une *caballeria* de terre de Cuba équivaut :

à 0,191,406 *caballeria* de Puerto-Rico ;
à 0,315,867 *caballeria* mexicaine ;
à 13,420. 20 *hectares* ou 134,202,0684,96 mètres carrés ;
à 33,3 *acres* nord américains ;
à 30,8 *aranzadas* de Castille;
à 29,9 *fanegas* de Castille ;
à 10,3 *obradas* de la Vieille-Castille;
à 26,7 *cahizadas* d'Aragon ;
à 19,34 *jobadas* de Valence ;
à 12,08 *marjales* de Granada ;
à 27,03 *mojadas* de Cataluna;
à 26,1 *geizas* de Portugal ;
à 80,8 *arpents* du Rhin.

Signé : GERMAN G. DE LAS PENAS.

CHAPITRE VII.

POIDS ET MESURES USITÉS DANS LE PAYS.

MESURES AGRAIRES.

CABALLERIA.

Carré de 18 *cordeles* cubains.

CORDEL.

Longueur de 24 *varas* de Cuba.

VARA DE CUBA.

Égale à 0,848 mètres.

MESURES DE CAPAGITÉ.

FANEGA.

Celle de maïs contient 1,000 épis, qui donnent en graines de 6 à 7 arrobes. Celle de sel pèse 8 arrobes et se divise en deux *maentos*, nom que l'on donne aux sacs longs et étroits où on le renferme d'ordinaire.

MESURES DES LIQUIDES.

PIPA.

Baril de 24 *garrafones*.

GARRAFON.

Sorte de dame-jeanne d'une contenance de 25 bouteilles d'un *cuartillo* et demi, soit 0,814 litres.

CUARTEROLA.

Baril en bois d'une contenance de 6 *garrafones* et demi.

BOTELLA.

Contient un *cuartillo* et demi.

BOTIJA.

Mesure usuelle pour le lait. Contient 12 *cuartillos*.

CANECA.

Contient 10 *frascos*.

FRASCO.

Egal à 2,442 litres.

MESURES SANS EXACTITUDE PRÉCISE.

CARRETADA.

Charge d'une charrette ordinaire dont le poids varie de 100 à 120 arrobes.

CARGA.

Pour la plupart des articles qu'on porte de la campagne au marché, on estime la *carga* (charge) d'une bête de somme à 8 arrobes, charge ordinaire d'un cheval.

DE LENA.

Bois. — Se compose de 40 morceaux ou *rajas* de 4 pieds.

DE MAIZ.

Maïs. — Se compose de 366 épis.

DE PLATANOS.

Platanes. — Se compose de 60 *manos* de platanes, qui ont généralement, l'une dans l'autre, 5 pièces de ce fruit.

DE AZUCAR.

Sucre. — Caisse de pin, en forme de parallélogramme, assujettie par des bandelettes de cuir; destinée à emballer le sucre. Quoique sa capacité usuelle soit toujours la même, son poids varie d'après les qualités du sucre qu'elle renferme. Son poids ordinaire est de 16 arrobes, soit 4 quintaux. Le poids de l'enveloppe et du contenu s'estime, en moyenne, à 57 livres, soit 26 kil. 206 gr.

MANOJO DE TABACO.

Comprend 4 *gavillas* ou faisceaux de feuilles de tabac. Chaque *gavilla* est de 25 feuilles de tabac de première qualité, et de 30 et même 50 dans les sortes moyennes et inférieures.

SACA DE CARBON.

C'est un sac commun de 5 palmes de longueur et de 3 de diamètre. Le sac ordinaire à charbon contient à peu près la moitié de la *saca*.

SACO DE CAFÉ.

Il est fait de toile de Russie, ou de la corde du pays nommée *Heniquen;* c'est l'enveloppe la plus usitée pour cette graine. Il pèse, en général, 3 livres et contient 6 et 7 arrobes.

BOCOY DE AZUCAR.

C'est un tonneau de bois d'une capacité variant entre 40, 50 et

60 arrobes. On le destine, en général, à l'emballage du sucre *mas-cabado-moscouade*. Régulièrement cet emballage pèse plus d'un quintal.

DE CAFÉ.

Baril dont la capacité varie entre **28** et **50** arrobes. Le poids du baril varie aussi de **323** à **466** livres.

TERCIO DE TABACO.

Ballot pour lequel on emploie l'écorce flexible appelée *yagua;* une *vara* de longueur, **2** pieds de largeur, **18** pouces d'épaisseur environ. Son poids varie de **4** à **5** arrobes.

DE TASAJO.

Nom qu'on donne aux rouleaux de viande salée de Buenos-Ayres et d'autres pays, que mangent les paysans et leurs aides dans les travaux des champs. Son poids varie entre **3** 1/2 et **5** arrobes. Quelquefois on les emballe dans du *yagua*, et plus généralement on les porte à découvert, simplement noués, avec du *majagua*.

Signé : GERMAN G. DE LAS PENAS.

INDEX DES MATIÈRES

www.ingramcontent.com/pod-product-compliance
Lightning Source LLC
Chambersburg PA
CBHW070818210326
41520CB00011B/2001